Bibliografische Information der Deutschen Nationalbibliothek:

Die Deutsche Bibliothek verzeichnet diese Publikation in der Deutschen National-
bibliografie; detaillierte bibliografische Daten sind im Internet über http://dnb.d-
nb.de/ abrufbar.

Impressum:

Copyright © 2017 GRIN Verlag
Druck und Bindung: Books on Demand GmbH, Norderstedt Germany
ISBN: 9783668613140

Dieses Buch bei GRIN:

https://www.grin.com/document/387185

Juliane Kreutzberger

Ranger in deutschen Nationalparks. Zu Geschichte, Situation und Aufgabenfeldern von Schutzgebietsbetreuern in Deutschland

MODUL FOBF34 - NATURSCHUTZSTRATEGIEN UND MAßNAHMEN

Belegarbeit
„Ranger in deutschen Nationalparken"

Juliane Kreutzberger

TU Dresden, Umweltwissenschaften,

Forstwissenschaften, 7. Fachsemester

Termin der Abgabe: 03. 02.2017

Inhaltsverzeichnis

1. Einleitung

Als zu Beginn der 1990er Jahre Zweifel am Zustand der bestehenden Schutzgebiete in Deutschland aufkamen und die Befürchtung anwuchs, dass die im Gesetz genannten allgemeinen Ziele nicht in zufriedenstellender Weise erfüllt werden könnten, wurde deutlich, dass die Betreuung der bereits vorhandenen Naturschutzgebiete nicht mehr nur durch ehrenamtlich Tätige gewährleistet werden konnte. 1988 veröffentlichten HAARMANN & PRETSCHER eine alarmierende Studie über den qualitativen Zustand deutscher Naturschutzgebiete. Von den 867 untersuchten Gebieten befanden sich 484 (56%) in mäßigem, 183 (21%) in schlechtem Erhaltungszustand und 41 (5%) wiesen sogar irreparable Schäden auf. Der Druck auf die Naturschutzgebiete durch Erholungssuchende war so stark angestiegen, dass der vordergründige Sinn und Zweck dieser Gebiete, Rückzugsareale für Flora und Fauna zu schaffen, die Biodiversität auf Artebene zu erhalten oder bestenfalls sogar zu steigern, die Vielfalt von Natur, Landschaft und Wildnis zu bewahren und die Leistungsfähigkeit des Naturhaushaltes auf Dauer zu gewährleisten und zu verbessern, drohte verloren zu gehen. Rasches Handeln war gefragt, um zumindest das Problem der Besucherlenkung schnellstmöglich zu beheben, denn die geschützten Gebiete dienen zwar auch der Umweltbildung und sollen Erholungssuchenden offen stehen, um ein intensives Naturerleben zu ermöglichen, jedoch dürfe der Schutzzweck dadurch nicht gefährdet werden. Die Forderung nach hauptamtlichen Betreuern der Schutzgebiete gewann nun, da auch wissenschaftliche Untersuchungen zum Zustand der Schutzgebiete vorzuweisen waren, an Einfluss und Bedeutung (NNA, 1992).

Mittlerweile gibt es deutschlandweit ca. 550 Schutzgebietsbetreuer und -betreuerinnen (Ranger), die sich hauptamtlich um Naturschutz und Gästebetreuung in den Nationalen Naturlandschaften, in Naturschutzbehörden und in Biologischen Stationen kümmern und durch deren Zutun sich der Zustand der meisten Gebiete erholt und größtenteils sogar verbessert hat (EUROPARC DEUTSCHLAND, 2017).

Die folgende Arbeit gibt einen Überblick über Geschichte und Entwicklung der Nationalparke und des Rangerberufes wieder, geht, ausgehend von den vielseitigen Aufgabenbereichen des Berufsfeldes, auf die Notwendigkeit von gut ausgebildeten SchutzgebietsbetreuerInnen in Deutschland ein und wirft Fragestellungen hinsichtlich verschiedener Entwicklungs- und Forschungsmöglichkeiten des Berufsfeldes auf.

1.1 Erläuterungen

Um Unklarheiten hinsichtlich verwendeter Begrifflichkeiten entgegenzuwirken, sei an dieser Stelle erwähnt, dass "Ranger" nicht die offizielle Bezeichnung für die SchutzgebietsbetreuerInnen in Deutschland darstellt. In der Gesamtheit der deutschen Schutzgebiete gibt es keine offizielle und einheitliche Berufsbezeichnung. Synonym werden die Begriffe Natur-, Nationalpark-, oder Naturschutzwächter, Ranger, Schutzgebietsbetreuer, Naturführer und auch noch andere verwendet. Die offizielle Bezeichnung des Ausbildungsberufes lautet "geprüfte/r Natur- und Landschaftspfleger/in", bzw. „Fachagrarwirt für Naturschutz und Landschaftspflege"(veraltet). Laut einer Umfrage von GENATH bevorzugen jedoch die meisten Außendienstmitarbeiter des Nationalparks Hochharz den Begriff Ranger, da er aufgrund des hohen Ansehens der US-amerikanischen Ranger mit Prestige konnotiert und zudem unkompliziert sei.

Ist im Folgenden von Schutzgebieten die Rede, so sind damit alle möglichen Arbeitsplätze für Ranger gemeint. Hauptsächlich sind dies Biosphärenreservate, National- und Naturparke. Da sich diese Arbeit vor allem mit Rangern in deutschen Nationalparken auseinandersetzt, wird hier lediglich auf deren Entstehungsgeschichte und Funktionen eingegangen und auf eine genauere Definition der anderen Schutzgebietstypen verzichtet.

2. Geschichte: Der lange Weg von der Nationalparkidee der USA bis hin zum Rangerberuf in Deutschland

2.1 Die USA als Vorbild und Vorreiter

Die Einführung des Berufsfeldes der Ranger ist eng verbunden mit der Entstehung von Nationalparken und Naturschutzgebieten, deshalb wird im Folgenden zunächst ein Einblick in die Geschichte der Nationalparkidee gegeben, bevor die Entstehung des Rangerberufes in Deutschland im Fokus steht.

Nachdem der Geologe Ferdinand Vandeveer Hayden dem US-Kongress über die beeindruckenden Quellen und Geysire des Yellowstone berichtete, wurde dieses Gebiet 1872 zum ersten großen Nationalpark der USA und der Welt durch den Präsidenten Ulysses Simpson Grant ausgerufen. Er unterstand der direkten Verantwortung der US-Regierung. Zunächst galten Nationalparke als Ausdruck kultureller Einzigartigkeit, die sich auch in der Natur spiegeln würde und deshalb schützenswert erschien. So stellten die ersten

Nationalparke eher eine Art riesiger "Freizeitpark" dar. Auch die Verwendung des Begriffes "Park" deutet darauf hin, dass sich der Grundgedanke weniger mit dem Schutz der Naturnähe und natürlicher Prozesse befasste, als vielmehr mit der kulturell geprägten Landschaft und der Erholungsfunktion der Gebiete. Historisch beruht der Nationalparkgedanke auf einer anthropozentrischen Sicht der Natur und einem starken Eigeninteresse: der Schutz der Natur solle dem Menschen dienen, da der Verlust der Natur als Bedrohung der menschlichen Existenz angesehen wird. Die ersten Nationalparke wurden eher als Touristenattraktionen mit entsprechender Infrastruktur und Freizeitmöglichkeiten für reiche Bürger gegründet. Da es noch keine Aufseher oder Ranger gab, nahmen die Auswirkungen der Freizeitattraktivitäten aus heutiger Sicht zum Teil groteske Züge an. Beispielsweise schufen Kahlschläge Platz für Luxushotels, Straßen wurden ausgebaut, zahme, angefütterte Bären zur touristischen Attraktion, heiße Quellen eingemauert und zu Heilbädern umfunktioniert, heimische Raubtiere wurden zugunsten der Hirsche bejagt. Als weitere Nationalparke gegründet wurden, kam man zu der Erkenntnis, dass Aufsichtspersonal zum Schutz der Natur unabdingbar war. So nahm 1880 Harry Yount, der erste Ranger weltweit, seine Tätigkeit im Yellowstone Nationalpark auf. Weitere folgten 1898, als der US-Kongress einen Fonds für den Schutz von National Forest Reserves einrichtete, der dazu diente, in diesen Gebieten einen Supervisor und eine geringe Anzahl von Männern anzustellen, die hauptsächlich aus zivilen Fährtenlesern mit jagdlichen und forstlichen Kenntnissen bestanden, denn hauptsächlich hatten sie Wilderer zu bekämpfen, Weidetiere zu entfernen und Waldbrände zu verhindern (LÖTSCH 1995). Doch auch steigender Besucherandrang, Naturausbeutung und Überfälle stellten eine Gefahr für Mensch und Natur dar, weshalb der US-Kongress zusätzlich übergangsweise Soldaten zur Sicherung der Gebiete einsetzte. 1916 erhielten die US National Parks mit der Einrichtung des National Park Services (NPS) als eigenständige Behörde des Innenministeriums eine professionelle Verwaltung, die bis heute für die Sicherung der US National Parks und für die Einstellung von Rangern zuständig ist. Mit seinen charakteristischen Rangern zur Besucherbetreuung wurde der NPS Vorbild für fast alle Schutzgebiete in der Welt.

2.2 Deutschlands langer Weg

In Deutschland wurden die ersten Überlegungen zur Gründung von Nationalparken bereits Ende des 19. Jahrhunderts angestellt und immer wieder aufgegriffen. So wurde die Schaffung eines Nationalparks im Bayerischen Wald vom Beginn des 20. Jahrhunderts an immer wieder diskutiert. Allerdings brachte erst Mitte der 1960er-Jahre eine Initiative aus Kommunen, Umweltverbänden, Politikern und Naturschützern eine erneute Diskussion um den Nationalpark Bayerischer Wald in Gang, die letztlich dazu führte, dass 1970, nach Beschluss des Bayerischen Landtags, der Nationalpark Bayerischer Wald als erster deutscher Nationalpark ausgewiesen wurde. Dies war der Startpunkt für eine Entwicklung, die bis heute anhält. Weitere folgten und nach der deutschen Wiedervereinigung wurden auch in der ehemaligen DDR Nationalparke gegründet. Sowohl in den neuen als auch in den alten Bundesländern wurden in den 1990er-Jahren weitere Nationalparks ausgewiesen, sowie bestehende Gebiete zum Teil erweitert. So sind bis heute 16 herausragende Naturlandschaften als Nationalparke in Deutschland unter Schutz gestellt (WEINZIERL, 2017). Diese 16 Nationalparke umfassen eine Gesamtfläche von 1.047.859 ha. Bezogen auf die terrestrische Fläche Deutschlands, bei der die marinen Gebiete unberücksichtigt bleiben, beträgt die Gesamtfläche der Nationalparke 214.588 ha, dies entspricht einem Flächenanteil von 0,6% des Bundesgebietes (Stand Juli 2016). Nationalparke repräsentieren in Deutschland ein nationales Naturerbe. Sie sind gemäß § 24 Abs. 1 BNatSchG "einheitlich zu schützende Gebiete, die

1. großräumig, weitgehend unzerschnitten und von besonderer Eigenart sind,
2. in einem überwiegenden Teil ihres Gebiets die Voraussetzungen eines Naturschutzgebiets erfüllen und
3. sich in einem überwiegenden Teil ihres Gebiets in einem vom Menschen nicht oder wenig beeinflussten Zustand befinden oder geeignet sind, sich in einen Zustand zu entwickeln oder in einen Zustand entwickelt zu werden, der einen möglichst ungestörten Ablauf der Naturvorgänge in ihrer natürlichen Dynamik gewährleistet."

Soweit es der Schutzzweck erlaubt, sollen Nationalparke auch der wissenschaftlichen Umweltbeobachtung, der naturkundlichen Bildung und dem Naturerlebnis der Bevölkerung dienen. Wirtschaftliche Nutzungen der natürlichen Ressourcen durch Land-, Forst-, Wasserwirtschaft, Jagd oder Fischerei sind weitgehend auszuschließen bzw. nur unter strikten

Vorgaben der Naturschutzbehörden möglich. Die meisten der bestehenden deutschen Nationalparke sind derzeit noch "Entwicklungs-Nationalparke", d.h. sie erfüllen erst in Teilen die Kriterien für eine großflächige, ungestörte Naturentwicklung. Durch weitere geeignete, in Managementplänen festgelegte Steuerungsmaßnahmen sollen innerhalb von 20 bis 30 Jahren nach Ausweisung der Parke die Voraussetzungen geschaffen werden, damit künftig in einem überwiegenden Flächenanteil der Gebiete den natürlichen und dynamischen Abläufen in der Natur Vorrang eingeräumt werden kann. Zur Erfüllung dieser Voraussetzung bedarf es ebenso der Ranger, wie für die Aufklärung von Bevölkerung und Touristen.

Nach den internationalen Management-Kategorien der IUCN (International Union for Conservation of Nature) ist ein Nationalpark ein Schutzgebiet, das hauptsächlich zur Sicherung großflächiger natürlicher und naturnaher Gebiete und großräumiger ökologischer Prozesse etabliert wird (Kategorie II). Es soll die ökologische Unversehrtheit eines oder mehrerer Ökosysteme sichern, diesem Ziel abträgliche Nutzungen ausschließen und Naturerfahrungs-, Forschungs-, Bildungs- und Erholungsangebote fördern (BUNDESAMT FÜR NATURSCHUTZ, „Nationalparke").

Die Ausweisung von Nationalparken erfolgt durch die Bundesländer im Benehmen mit dem Bundesministerium für Umwelt, Naturschutz, Bau und Reaktorsicherheit und dem Bundesministerium für Verkehr und digitale Infrastruktur (§ 22 Abs. 5 BnatSchG). Sie unterstehen folglich der Hoheit der Länder, was eine bundesweit einheitlich geregelte Betreuung, ein gut verbundenes Rangernetzwerk und die Etablierung einheitlicher Standards zum Teil erschwert.

Mittlerweile dienen Nationalparke folglich vorrangig dem Schutzzweck und dem Erhalt, bzw. der Etablierung natürlicher, vom Menschen ungestörter Prozesse (Prozessschutz) und erst in zweiter Linie der Erholung, obwohl natürlich der Tourismus und die Umweltbildung auch eine wichtige Rolle, v.a. hinsichtlich der Akzeptanz in der Bevölkerung und im Rahmen der Bildung für nachhaltige Entwicklung (BNE), spielen.

Deutschland stand lange Zeit anderen europäischen und nicht-europäischen Ländern in der hauptamtlichen Betreuung seiner Schutzgebiete nach. Als nach der Wiedervereinigung immer mehr Naturschutzgebiete und Biosphärenreservate ausgewiesen wurden, blieb die Frage nach der Betreuung häufig ungeklärt und wurde größtenteils lediglich von ehrenamtlichen Mitarbeitern übernommen. 1991 stellte die Sektion Deutschland der Föderation der Natur-

und Nationalparke Europas (FÖNAD), auch aufgrund der bereits erwähnten beunruhigenden Studie von HAARMANN&PRETSCHER, die Forderung auf, diesen Mangel im deutschen Naturschutz schnellstmöglich zu beheben und alle verfügbaren Mittel einzusetzen, um diesen „untragbaren Zustand" zu beheben. Unterstützt wurde sie von der Öffentlichkeit und von den im Naturschutz engagierten Verbänden und Vereinigungen. In Zusammenarbeit und mit finanzieller Unterstützung von WWF Deutschland führte die FÖNAD die Studie "Ranger in deutschen Schutzgebieten – Betreuer von Mensch und Natur" durch, die die Verhältnisse in anderen europäischen Ländern analysierte, die deutschen Verhältnisse aufzeigte und verschiedene Möglichkeiten und Perspektiven für die Einführung des "Ranger"-Berufs in der BRD durchleuchtete (NNA 1992). Außer im Naturschutzgebiet „Lange Rhön", wo seit 1982, und am Feldberg, wo seit 1989, jeweils ein "Ranger" hauptamtlich angestellt waren, arbeiteten zu Beginn der 90er-Jahre lediglich im Nationalpark Bayerischer Wald hauptamtlich Personen nach englischem und amerikanischem Vorbild, die die Einhaltung von Schutzverordnungen überwachten, aber auch den Besuchern für Informationen im Gelände zur Verfügung standen. 1972 wurde dort ein Aufsichtsdienst aus zunächst 2 Personen gegründet, 1992 bestand er aus 15 Mitarbeitern. Seit Beginn der 1980er-Jahre wurde die Nationalpark-Wacht von einem Förster geleitet, der die Funktion des "Head-Rangers" inne hatte, die Verantwortung für Planung, Organisation und Schulung der Mitarbeiter trug und dem Leiter des Sachgebiets II (Naturschutz) unterstellt war (GENATH 2005).

In den 1990er-Jahren ergab sich allerdings durch die neu eingerichteten Biosphärenreservate, Natur- und Nationalparke in den neuen Bundesländern, die nicht mehr nur durch ehrenamtliche Naturschutz- und Landschafts-Wächter zu betreuen waren und für die auch der Einsatz von hauptamtlichen Rangern (Naturschutzwächtern) geplant war, die Notwendigkeit und die Möglichkeit ein bundesweit einheitliches Netz von Rangern zu erschaffen und einen neuen und anerkannten Berufsstand zu eröffnen. Das Problem bestand darin einheitliche Standards für den Beruf hinsichtlich der Qualifikationsansprüche an die Bewerber, der Aus- und Fortbildung und der Beschäftigungsbedingungen zu schaffen. Die Notwendigkeit möglichst schnell zu handeln und mit der Etablierung von Schutzgebietsbetreuern ein Berufsbild zu schaffen, das einerseits einheitlich genug wäre, um dem Beruf Bekanntheit und Anerkennung zu verschaffen, eine gemeinsame, einheitliche Aus- und Fortbildung zu ermöglichen, den Informations- und Personalaustausch zwischen verschiedenen

Schutzgebieten zu ermöglichen und andererseits weit genug gefasst wäre, um den verschiedenen Schutzgebietstypen als Beschäftigungsort und den unterschiedlichen möglichen Arbeitgebern gerecht zu werden, sowie einen interessanten, vielseitigen und modernen Beruf für motivierte und qualifizierte Personen bieten zu können, war offensichtlich (NNA, 1992). Vorkehrungen und Einrichtungen zur Eindämmung der negativen Folgen des Freizeit- und Erholungsbetriebes durch eine Aufsicht wurden als unabdingbar angesehen. Erst seit 1996 gibt es eine hauptamtliche Schutzgebietsbetreuung in allen deutschen Nationalparken, noch 1994 befanden sich von 28 Gebieten mit einem bereits bestehenden, bzw. mit einem sich im Aufbau befindlichen Ranger-System, 24 in den neuen Bundesländern (Umweltstiftung WWF Deutschland, Naturschutzstelle Ost 1995). Mittlerweile arbeiten rund 550 Ranger in deutschen Schutzgebieten, von denen rund 66% über den Abschluss zum Fortbildungsberuf „Geprüfte/r Natur- und Landschaftspfleger/ in" (GNL) verfügt, der erst 1998 im Bundesgesetzblatt veröffentlicht und somit offiziell anerkannt wurde. Bedenkt man, dass die meisten der heutigen MitarbeiterInnen 1998 bereits eingestellt waren und den Abschluss berufsbegleitend erworben haben, wurde eine sehr hohe Qualifizierungsquote erreicht. In einer 2013 veröffentlichten Studie der Hochschule für Nachhaltige Entwicklung Eberswalde wurde jedoch festgestellt, dass ein zusätzlicher Fachhochschulstudiengang mit Bachelorabschluss, der gezielt auf die Aufgaben der Schutzbetreuung vorbereitet, etliche Befürworter auf seiner Seite habe (HNE 2013). So können seit dem Wintersemester 2014/15 Studierende des Bachelorstudiengangs „Landschaftsnutzung und Naturschutz" an der HNEE die Vertiefung „Schutzbetreuung" wählen. Ziel ist es, Praktiker auszubilden, die möglichst umfassend auf die Anforderungen der Schutzgebietsbetreuung vorbereitet sind (DANZEISEN et al., 2015).

Aufgrund der föderalen Struktur des Naturschutzes in Deutschland existieren hinsichtlich Organisation, bzw. Aufbau der Naturwacht in den einzelnen Bundesländern unterschiedliche Modelle. Größtenteils befindet sich jedoch an der Spitze der Rangerdienste ein Leiter (meist ein ehemaliger Revierförster mit Studium), der i.d.R. nicht direkt dem Leiter des Nationalparks, sondern einem, nicht nur für die Ranger zuständigem Fach- oder Abteilungsleiter untergeordnet ist. Ihm sind die im Gelände tätigen Ranger unterstellt, die zumeist – anders als in den USA – keine Spezialaufgaben ausüben, sondern einen sehr breitgefächertem Aufgabenbereich nachgehen (GENATH, 2005).

3. Zur Situation und zum Aufgabenfeld der Ranger in Deutschland

Die ersten Ranger Deutschlands waren zunächst ehemalige Waldarbeiter, bzw. ehemals Tätige aus einem anderen „grünen Beruf", oder sie entstammten einer anderen Berufssparte und konnten eine mehrjährige Mitarbeit in Naturschutzprojekten vorweisen. Besonders in den Nationalparken der ehemaligen DDR fand so eine Verzahnung der Erfahrungen und des Wissens der ehemaligen Waldarbeiter mit dem der Naturschützer statt. Ab 1993 wurden jedoch aufgrund der sich verschlechternden Arbeitskraftsituation in der deutschen Forstwirtschaft nahezu nur noch ehemalige Waldarbeiter als Ranger angestellt (GENATH, 2005). Diese Einstellungspolitik, die in den meisten deutschen Schutzgebieten zum Usus wurde, erklärt auch den geringen Frauenanteil der in der Naturwacht Tätigen. 1995 waren noch 31% der GebietsbetreuerInnen Frauen, 2013 hingegen wurden nur noch 13% der Stellen von Frauen besetzt (Danzeisen et al., 2016). Es ist möglich, dass sich dies durch die Einführung der Bachelorvertiefung der HNEE in Zukunft wieder verändern wird. Die Entwicklung hinsichtlich der Geschlechterverteilung bleibt spannend, zumal die Hauptaufgaben der Ranger eher im kommunikativen und didaktischen Bereich liegen, der im Allgemeinen noch immer eher Frauen zugesprochen wird. Folglich wären Untersuchungen hinsichtlich der Genderforschung gerade in diesem Berufsfeld evtl. interessant.

3.1 Aufgaben und Anforderungen an die Schutzgebietsbetreuer

Der Schutzgebietsbetreuer stellt das Bindeglied zwischen der Natur in Schutzgebieten und dem Menschen dar. Er ist Mittler zwischen beidem, sollte notfalls jedoch immer auf Seiten der Natur stehen. Er ist Betreuer sowohl der Natur, als auch der Menschen. Die Betreuung der Natur ist dabei geprägt vom jeweiligen Schutzgebietstyp und seinen Zielvorgaben (abschirmender Naturschutz, pflegerisch-erhaltender Naturschutz oder pflegerisch-entwickelnder Naturschutz). Aus der Kenntnis des von ihm betreuten Schutzgebietes ist es dem Ranger möglich, vom Menschen ausgehende Gefährdungen für das Schutzgebiet zu erkennen und Gegenmaßnahmen zu ergreifen, aber auch die Natur schonend zu erschließen und dem Menschen Möglichkeiten für Erholung und Bildung zu eröffnen. Touristen und Besucher kommen in Schutzgebiete, um dort zu entspannen, zu erleben und zu lernen. Aufgabe des Rangers ist es, ihnen dies zu ermöglichen, soweit es sich mit dem Schutzzweck des Gebietes vereinbaren lässt. Ist dies nicht der Fall, oder sollten Besucher sich nicht an die

Regeln halten und somit den Naturschutzaspekt gefährden, so ist die Fähigkeit aufzuklären, zu vermitteln, Kompromisse zu finden oder notfalls auch autoritär durchgreifen zu können von Nöten. Ebenso muss die Gruppe der Landnutzer in Schutzgebieten angesprochen, Kompromisse gefunden, bzw. eine Einbeziehung in bestimmte Tätigkeiten, besonders im Hinblick auf pflegend-erhaltenden oder pflegend-entwickelnden Naturschutz, ausgehandelt werden. Eng damit verbunden sind die in unmittelbarer Nähe des Nationalparks Heimischen, denn nicht immer trifft die Einrichtung eines Nationalparks nur auf Befürworter. Besonders deutlich wurde dies im Ringen um den Nationalpark Schwarzwald. Somit spielt der Ranger, seine Einstellung, sein Enthusiasmus und seine Aufklärungsarbeit eine wichtige Rolle hinsichtlich der Akzeptanz des Schutzgebietes in der Bevölkerung. Nicht immer ist es ihm möglich seine "Rolle" nach getaner Arbeit, die zudem auch noch häufig auf Wochenenden fällt, abzustreifen. Häufig muss er auch danach noch, sei es in der Kneipe, im Familien- oder Freundeskreis, Aufklärungsarbeit leisten, die Wichtigkeit des Naturschutzes im Gebiet verteidigen oder ist von sich aus gewillt seine Mitmenschen zu begeistern und so dazu zu bewegen ihren eigenen Anteil zum Schutz der Natur beizutragen. Des Weiteren ist er Ansprechpartner für Verwaltungsmitarbeiter, da er sich im Idealfall bestens im Schutzgebiet auskennt, Probleme benennen und Lösungsvorschläge anbringen kann. Ranger sollten sich mit der Gesetzeslage und Verordnungen auskennen, da eine weitere wichtige Aufgabe darin besteht auf Patrouillengängen Zuwiderhandlungen gegen die jeweilige Schutzgebietsbestimmung zu verhindern und zu verfolgen. Diese Aufsichts- und Überwachungsaufgaben verlangen ein vorbildliches Verhalten der Ranger, da sie nur so gegenüber Besuchern und Bevölkerung glaubhaft wirken. Zu ihren Aufsichts- und Überwachungsaufgaben gehört auch die Kontrolle und Überwachung von vertraglichen Vereinbarungen im Rahmen naturfachlicher Förder- und Pflegeprogramme. Da er den Besuchern und der einheimischen Bevölkerung als Ansprechpartner vor Ort für Informationen über das Gebiet zur Verfügung steht, benötigt er geschichtliche, botanische, öko- und geologische Kenntnisse ebenso, wie Informationen über Wichtigkeit, Bedeutung und Schutz von nationalen Natur- und Kulturerben, über Möglichkeiten der Freizeitgestaltung und über die Gegebenheiten der Infrastruktur. In Naturschutzgebieten ohne eigene Verwaltung, wie es z.B. im Naturschutzgebiet Altmühlsee der Fall ist, können auch die Anforderungen an fachliche Kompetenzen, wie beispielsweise dem selbständigen wissenschaftlichen Arbeiten oder der selbständigen Erarbeitung von Pflege- und Artenschutzkonzepten so hoch sein, dass nur Ranger mit abgeschlossenem Hoch- bzw. Fachhochschulabschluss für diese Gebiete in Frage kommen. Die formalen Voraussetzungen an angehende Ranger sind zwar breit gefächert („grüner Berufsabschluss", Berufserfahrung, oder langjährige Erfahrungen in Naturschutz- und Umweltbildung, meist in Kombination mit nachfolgender Fortbildung zum GNL, oder ein entsprechender Studiumsabschluss), jedoch sind ebenso persönliche Fähigkeiten unabdingbar. Dazu zählen Aufgeschlossenheit, Freundlichkeit, Kontaktfreudigkeit, Überzeugungskraft, sicheres öffentliches Auftreten, Ausstrahlung, Kreativität, Menschenkenntnis und pädagogisches Talent, um nur ein paar persönliche Eigenschaften von Wichtigkeit zu nennen. Natürlich sind auch ein Interesse an der Natur, ein Verständnis für bio- und ökologische Zusammenhänge unabdingbar (NNA, 1992). Liest man den Forderungskatalog der NNA, möchte man fast meinen, Ranger müssten Multitalente oder gar Übermenschen sein. Auch die Studie von DANZEISEN et al. zeigt, dass es sich bei den Aufgaben der Ranger um ein sehr breitgefächertes Feld handelt, das die Tätigkeitsfelder Umweltbildung, Besucherbetreuung, Öffentlichkeitsarbeit, gesetzliche Regelungen, Arten- und Biotopschutz, Landschaftspflege, Monitoring, Bau- und Instandhaltung von Infrastrukturen umfasst. Viele der heutzutage tätigen Ranger verfügen mittlerweile über eine langjährige Berufserfahrung (mittlerweile befinden sich 84% in der Altersstufe von 41-60 Jahren) und somit wahrscheinlich auch über entsprechende Kompetenzen (Rückschluss aus der Altersverteilungstabelle von DANZEISEN et al. 2016). Diese Anforderungen verdeutlichen allerdings auch, dass eine breitgefächerte, gut durchdachte Ausbildung der zukünftigen Ranger, sei es innerhalb eines Studiums oder durch einen angesehenen Ausbildungsberuf, für eine qualitativ hochwertige Betreuung der deutschen Schutzgebiete unabdingbar ist. Besonders wichtig erscheint eine Kombination aus Lehre/Wissenschaft, Praxis und damit verbundener Persönlichkeitsbildung. Ebenso sinnvoll erscheint eine Aufstockung der Anzahl der SchutzgebietsbetreuerInnen, die sich zwar erhöht hat, prozentual zur Erweiterung der Schutzgebiete jedoch stagniert. Laut WWF läge der Bedarf bei 2000 Fachkräften (WWF, 1997). Allerdings stellt sich hier wiederum – wie unglücklicherweise so oft im deutschen Naturschutz – die Frage nach der Finanzierbarkeit. Innovative und sinnvolle Ideen müssten gefunden werden.

4. Fazit

Das Berufsfeld der Ranger stellt eine äußerst wichtige Verbindung zwischen Naturschutz-, Aufklärungs- und Umweltbildungsarbeit dar. An der Erfüllung der Aufgaben von Schutzgebieten, der unzerstörten Erhaltung großräumiger natürlicher oder naturnaher Landschaften und der Möglichkeit der Menschen zur Begegnung mit der Natur und zum Naturerleben, sind in hohem Maße die Ranger beteiligt. Sicher wäre es notwendig die einzelnen Tätigkeitsfelder noch genauer zu definieren, bzw. die Entwicklung hinsichtlich der Aufgabenschwerpunkte in den vergangenen Jahren zu beschreiben. Da zu diesem Thema allerdings die empfehlenswerte Studie von DANZEISEN et al. vorliegt, wurde im Rahmen dieser Arbeit darauf verzichtet und lediglich ein Überblick über die Aufgaben gegeben, um die Wichtigkeit und Vielfältigkeit ihrer Arbeit hervorzuheben. Ebenfalls sollte so ersichtlich werden, dass die Ranger in deutschen Schutzgebieten eine breit gefächerte und qualitativ wertvolle Ausbildung benötigen, um ihren Aufgaben gerecht werden zu können. Da die Bedingungen, unter denen Ranger arbeiten und auch die Verwaltungsstrukturen von Schutzgebiet zu Schutzgebiet sehr heterogen sind, wurde ebenfalls verzichtet näher darauf einzugehen. Abschließend ist zu sagen, dass der Ranger einen sehr spannenden, vielseitigen und wichtigen Beruf sowohl für den Menschen, als auch für die Natur darstellt, der in der Bevölkerung ein recht hohes Ansehen genießt und auch den Ranger selbst in der Regel mit Stolz erfüllt (GENATH 2005).

Literatur- und Quellenverzeichnis:

BUNDESAMT FÜR NATURSCHUTZ: Nationalparke. https://www.bfn.de/0308_nlp.html zuletzt aufgerufen am 01.03.2017

BUNDESVERBAND BERUFLICHER NATURSCHUTZ e.V. (1999): Broschüre geprüfte(r) Natur- und Landschaftspfleger(in). Bonn

DANZEISEN, LAURA/LÜCKEPOHL, FRANK/BROCKMANN, JAN/LUTHARDT, VERA (2016): Der Wandel des Berufsfeldes der Schutzgebietsbetreuerinnen und -betreuer, in: Natur und Landschaft, 91. Jahrgang (2016), Heft 11

EUROPARC DEUTSCHLAND/DACHVERBAND DER NATIONALEN NATURLANDSCHAFTEN (2016): Ranger in den deutschen Naturlandschaften http://www.nationale-naturlandschaften.de/nnl/ranger/ zuletzt aufgerufen am 29.01.2017

GENATH, PETER (2005): „Es geht fast täglich auf den Brocken…!" - Der Arbeitsalltag der Ranger im Nationalpark Hochharz aus volkskundlicher Perspektive. Münster (Internationale Hochschulschriften; Bd. 453)

GLAGLA-DIETZ,STEPHANIE (1998): Schutzgebiete als Möglichkeiten für natur- und kulturverträgliche Fremdenverkehrsentwicklung, in: Lutz, Ronald (Hg.): Die Region der Kultur. Münster (Kulturwissenschaftliche Horizonte; Bd.3)

HAARMANN, KNUT/PRETSCHER, PETER (1988): Naturschutzgebiete in der Bundesrepublik Deutschland. Übersicht und Erläuterungen. Greven (Naturschutz aktuell; Nr. 3)

HNEE/HOCHSCHULE FÜR NACHHALTIGE ENTWICKLUNG EBERSWALDE (2013): Studie zur Situation der hauptamtlichen Schutzgebietsbetreuung in der Bundesrepublik Deutschland - pdf-Version

LÖTSCH, BERND (1995): Orientierungspunkt Yellowstone: Österreich Nationalparkland, in: Nationalpark Nr. 89, Heft 4

NNA/NORDDEUTSCHE NATURSCHUTZAKADEMIE (1992): Betreuung und Überwachung von Schutzgebieten. Schneverdingen. (NNA-Berichte, 5. Jahrgang Sonderheft 1992)

NNA/NORDDEUTSCHE NATURSCHUTZAKADEMIE (1993): „Ranger" in Schutzgebieten - Ehrenamt oder staatliche Aufgabe?. Schneverdingen (NNA-Berichte, 6. Jahrgang Heft 2)

NNA/ALFRED TÖPFER AKADEMIE FÜR NATURSCHUTZ (2000): Grundlagen und Rahmenbedingungen für die Umsetzung der Fortbildungsverordnung „Geprüfte/r Natur- und Landschaftspfleger/in". Schneverdingen (NNA-Berichte, 13. Jahrgang Heft 1)

SWR [betrifft]: Das Projekt Nationalpark - wie entscheidet sich der Südwesten? Sendung vom Mittwoch, 20.03.13   20:15 – 21:45 Uhr http://franzjosefadrian.com/facher/nationalpark-schwarzwald/swr-betrifft-das-projekt-nationalpark/ zuletzt aufgerufen am 23.12.2016

WEINZIERL, HUBERT (2013): 40 Jahre Nationalparks in Deutschland - Stand und Perspektiven. Enthalten in: 100 Jahre Nationalparks in Europa - wo stehen wir in Deutschland? EUROPARC Deutschland e.V.

WEINZIERL, HUBERT (2017): Geschichte der deutschen Nationalparks. http://www.wissen-nationalpark.de/wissensbasis/geschichte-der-nationalparks/ zuletzt aufgerufen am 19.01.2017

WWF/UMWELTSTIFTUNG WWF-DEUTSCHLAND (1995): Situation der hauptamtlichen Naturwacht in den Großschutzgebieten der Bundesrepublik Deutschland. Potsdam